大学物理实验报告册（基础部分）

曾春华　吴加权　李迅鹏　李方江　主编

中国教育出版传媒集团
高等教育出版社·北京

内容简介

本报告册是在昆明理工大学“大学物理实验报告册”的基础上，根据物理实验中心教师二十多年的物理实验教学实践经验编写而成的，报告册包括完整实验报告撰写过程中的课前、课堂、课后三个基本要素，内容涵盖了实验目的、实验仪器、实验原理、实验内容与步骤、实验数据记录、数据处理、思考题及实验小结等，为《大学物理实验教程（基础部分）》的配套资料。本报告册共含有不确定度与数据处理和力学实验、电磁学实验、热学实验、振动和波动实验、近代物理实验等方面的32个基础性实验报告，后附有5个自主题目实验报告。

本报告册降低了学生在实验报告撰写过程中形式上的单一性，减少了重复性劳动，主要聚焦于对学生在实验理论、实验方法和实验基本技能方面的培养训练，对激发学生学习的积极性和主动性具有一定的引导作用。

本报告册主要供高等学校理工类不同专业的学生在两学期的大学物理实验课程学习中使用，也可供开展相关实验研究的高校师生参考。

图书在版编目（CIP）数据

大学物理实验报告册：基础部分 / 曾春华等主编. -- 北京：高等教育出版社，2024.8（2026.2 重印）

ISBN 978-7-04-062224-9

Ⅰ. ①大… Ⅱ. ①曾… Ⅲ. ①物理学－实验－高等学校－教学参考资料 Ⅳ. ① O4-33

中国国家版本馆 CIP 数据核字（2024）第 095646 号

DAXUE WULI SHIYAN BAOGAOCE（JICHU BUFEN）

策划编辑 王 硕　　责任编辑 王 硕　　封面设计 赵 阳　　版式设计 杜微言
责任校对 窦丽娜　　责任印制 高 峰

出版发行	高等教育出版社	网　　址	http://www.hep.edu.cn
社　　址	北京市西城区德外大街 4 号		http://www.hep.com.cn
邮政编码	100120	网上订购	http://www.hepmall.com.cn
印　　刷	北京汇林印务有限公司		http://www.hepmall.com
开　　本	787mm × 1092mm　1/8		http://www.hepmall.cn
印　　张	21		
字　　数	390 千字	版　　次	2024 年 8 月第 1 版
购书热线	010-58581118	印　　次	2026 年 2 月第 3 次印刷
咨询电话	400-810-0598	定　　价	23.80 元

物 料 号　62224-00

前　言

《大学物理实验报告册（基础部分）》（后简称报告册）为《大学物理实验教程（基础部分）》的配套资料，旨在帮助学生巩固和加深对物理学理论知识的理解，培养学生的实验操作能力、数据处理与分析能力，并提高其科学研究素养。本报告册在本校已使用二十余年，结合本校实际情况和实验教学过程中存在的问题和不足，一直在不断修改和提高，现已趋完善。本报告册较好地支撑了本校大学物理实验必修课程教学任务的完成，为本校各专业学生的学习奠定了坚实的理论知识和实验训练基础，学生的科学实验能力、动手能力和创新能力得到了明显的提升和加强。

本报告册包含了大学物理实验报告的基本要素，具有很好的实用性，师生反应良好，适用于理工科人才培养，服务于物理学科并有利于先进制造、智能科技、国家安全、新能源、新材料和生物医学等关键领域专业的学生基础物理实验素质的提高。报告册的编写参考了我国其他物理实验教学工作者编写的报告册，在此向他们一并表示衷心的感谢。

本报告册从筹划、汇编到成册经数次修改完善，最终定稿。编者特别感谢中央财政支持地方高校专项资金项目、昆明理工大学“十四五”规划教材建设项目、云南省高校计算物理与应用科技创新团队等对本报告册的经费支持。由于编者的水平有限，书中难免存在错误和不妥之处，恳请读者批评指正。

昆明理工大学物理实验中心

2024 年 4 月

目　录

大学物理实验报告

座位号	

基础知识：不确定度与数据处理			
姓名		学号	
专业		电话	
实验日期：________年____月____日 教学周第____周　星期____第____大节　____时____分上课 实验地点：________校区________楼________			
成绩评定			
预习情况	操作情况	数据处理	总评成绩
教师签名：		评定日期： ________年____月____日	

实验报告说明：

1. 认真预习实验内容后才能参加实验。

2. 进入实验室时须出示实验报告，将原始数据记录在实验报告数据表格中（注意：不得用铅笔记录，不得大范围涂改）。

3. 实验课后一周内规范完整地完成实验报告，并在下一周实验课前提交给教师批阅。

1. 写出下列物理量有几位有效数字，并将其修约为三位有效数字。

（1）L=1.0850 cm

（　）位有效数字

L=

（2）m=2575.0 g

（　）位有效数字

m=

（3）T= 3.141 592 6 s

（　）位有效数字

T=

（4）R=0.864 29 Ω

（　）位有效数字

R=

（5）I=0.030 01 A

（　）位有效数字

I=

2. 请把下列测量结果写成标准形式，并计算其相对不确定度。

（1）g=（9.784 ± 0.003 33）$\mathrm{m \cdot s^{-2}}$

（2）e=（1.612 100 0 ± 0.000 07）$\times 10^{-19}$ C

（3）l=（3 074 ± 100）m

（4）m=（53.270 ± 0.279）kg

（5）V=（4135.705 ± 20.135）m^3

3. 用螺旋测微器测量某种钢丝的直径，其数据如下：

仪器误差 0.005 mm，零点修正值 +0.002 mm

测量次数	1	2	3	4	5	6
D/mm	0.651	0.652	0.653	0.653	0.652	0.652

试计算钢丝直径 D 的平均值、不确定度 U_D 和相对不确定度 U_{Dr}，并用标准形式表示直径 D 的测量结果。

4. 根据不确定度合成公式计算以下各量的不确定度和相对不确定度，并写出其标准形式。

（1）$m=2m_1+m_2$，其中 m_1=（1.1+0.1）g，m_2=（2.387+0.001）g。

（2）$V=\frac{1}{4}\pi D^2h$，其中 D=（1.900 ± 0.003）cm，h=（10.684 ± 0.003）cm。

（3）$R=\frac{U}{I}$，其中，U=（2.48 ± 0.02）V，I=（200.0 ± 0.5）mA。

5. 运用有效数字运算法则计算。

（1）343.374+75.8+0.6386=

（2）88.45−76.543−8.0=

（3）$91.2\times3.7155\div1.0=$

（4）$\dfrac{50.00\times(18.30-16.3)}{(103-3.0)\times(1.00+0.001)}=$

6. 测量弹簧弹性系数 k 的实验中，测得伸长量 x 与拉力 F 的关系如下：

F_i/N	10.00	20.00	30.00	40.00	50.00	60.00
x_i/cm	6.91	10.02	13.05	15.94	19.01	22.03

试用逐差法求出弹簧弹性系数 k。请列出逐差法数据处理表格。

附页：

大学物理实验报告

座位号	

实验名称：长度的测量			
姓名		学号	
专业		电话	
实验日期：______年___月___日 教学周第___周　星期___第___大节　___时___分上课 实验地点：______校区______楼______			
成绩评定			
预习情况	操作情况	数据处理	总评成绩
教师签名：		评定日期： ______年___月___日	

实验报告说明：

1. 认真预习实验内容后才能参加实验。

2. 进入实验室时须出示实验报告，将原始数据记录在实验报告数据表格中（注意：不得用铅笔记录，不得大范围涂改）。

3. 实验课后一周内规范完整地完成实验报告，并在下一周实验课前提交给教师批阅。

【实验目的】

【实验仪器用具】

【实验原理】（请在预习教材对应内容后简明扼要地归纳总结叙述，注意：需要认真作出实验原理图。）

请课前预习并认真填写完整，上课时交给教师检查。

【实验原理】

请课前预习并认真填写完整，上课时交给教师检查。

【实验原理】

【实验内容与步骤】

请课前预习并认真填写完整，上课时交给教师检查。

【实验数据记录】(注意：将单位、有效数字、数据填入表格中。)

表 1　用游标卡尺测小圆筒

测量次数	1	2	3	4	5	6	$\bar{N}$	$\delta_N=\frac{1}{6}\sum_i \lvert N_i-\bar{N}\rvert$
H(筒高)/mm								
D(筒外径)/mm								
h(筒深)/mm								
d(筒内径)/mm								

表 2　用螺旋测微器测钢珠和钢丝

测量次数	1	2	3	4	5	6	$\bar{N}$	$\delta_N=\frac{1}{6}\sum_i \lvert N_i-\bar{N}\rvert$
φ(钢珠直径)/mm								
Φ(钢丝直径)/mm								

表 3　仪器选择及体积测量

待测量	所选仪器	仪器误差	测量值	$N=\bar{N}\pm U_N$
长 a/mm				
宽 b/mm				
高 c/mm				

教师签名：

______年____月____日

本页为原始记录，请在课内完成，下课前交给教师检查签字。

【数据处理】

1. 用游标卡尺测小圆筒

(1) 计算四个直接测量量

(2) 计算小圆筒的体积

2. 用螺旋测微器测钢珠和钢丝

(1) 计算钢珠和钢丝的直径

(2) 计算钢珠的体积

请在一周内完成实验报告，下周课前交给教师批阅。

【数据处理】

3. 仪器选择及体积测量

【思考题及实验小结】

请在一周内完成实验报告，下周课前交给教师批阅。

附页：

大学物理实验报告

座位号	

实验名称：金属材料杨氏模量的测量			
姓名		学号	
专业		电话	
实验日期：______年___月___日 教学周第___周　星期___第___大节　___时___分上课 实验地点：______校区______楼______			
成绩评定			
预习情况	操作情况	数据处理	总评成绩
教师签名：		评定日期： ______年___月___日	

实验报告说明：

1. 认真预习实验内容后才能参加实验。

2. 进入实验室时须出示实验报告，将原始数据记录在实验报告数据表格中（注意：不得用铅笔记录，不得大范围涂改）。

3. 实验课后一周内规范完整地完成实验报告，并在下一周实验课前提交给教师批阅。

【实验目的】

【实验仪器用具】

【实验原理】（请在预习教材对应内容后简明扼要地归纳总结叙述，注意：需要认真作出实验原理图。）

请课前预习并认真填写完整，上课时交给教师检查。

【实验原理】

请课前预习并认真填写完整，上课时交给教师检查。

【实验内容与步骤】

请课前预习并认真填写完整，上课时交给教师检查。

【实验数据记录】(注意：将单位、有效数字、数据填入表格中。)

表 1　增、减荷实验数据记录表

次序	增荷时 x_i/cm	减荷时 x_i'/cm	$\bar{x}_i\left[=\frac{1}{2}(x_i+x_i')\right]$/cm
0			
1			
2			
3			
4			
5			
6			
7			

表 2　逐差法实验数据记录表

L=	U_L=0.1 cm
D=	U_D=0.1 cm
d=	U_d=0.000 5 cm
b=	U_b=0.05 cm
$\Delta_1=\lvert\bar{x}_7-\bar{x}_3\rvert$=	$\Delta_2=\lvert\bar{x}_6-\bar{x}_2\rvert$=
$\Delta_3=\lvert\bar{x}_5-\bar{x}_1\rvert$=	$\Delta_4=\lvert\bar{x}_4-\bar{x}_0\rvert$=
$\Delta=\frac{1}{4}(\Delta_1+\Delta_2+\Delta_3+\Delta_4)$ =	$\Delta x=\frac{\Delta}{4}$=

教师签名：

________年____月____日

本页为原始记录，请在课内完成，下课前交给教师检查签字。

【数据处理】

【思考题及实验小结】

请在一周内完成实验报告，下周课前交给教师批阅。

大学物理实验报告

座位号	

实验名称：刚体转动惯量的测量			
姓名		学号	
专业		电话	

实验日期：________年____月____日

教学周第____周　星期____第____大节　____时____分上课

实验地点：________校区________楼________

成绩评定			
预习情况	操作情况	数据处理	总评成绩

教师签名：	评定日期： ________年____月____日

实验报告说明：

1. 认真预习实验内容后才能参加实验。

2. 进入实验室时须出示实验报告，将原始数据记录在实验报告数据表格中（注意：不得用铅笔记录，不得大范围涂改）。

3. 实验课后一周内规范完整地完成实验报告，并在下一周实验课前提交给教师批阅。

【实验目的】

【实验仪器用具】

【实验原理】（请在预习教材对应内容后简明扼要地归纳总结叙述，注意：需要认真作出实验原理图。）

请课前预习并认真填写完整，上课时交给教师检查。

【实验原理】

请课前预习并认真填写完整，上课时交给教师检查。

【实验内容与步骤】

请课前预习并认真填写完整，上课时交给教师检查。

【实验数据记录】(注意：将单位、有效数字、数据填入表格中。)

表 1　转动惯量实验数据表

绕线塔轮半径 r=　　m，砝码质量 m=　　kg

测量值	个数	空载	圆盘	圆环	长棒	质点
角加速度 α_1	1					
	2					
	3					
	4					
	5					
	6					
$\bar{\alpha}_1$	—					
角减速度 α_2	1					
	2					
	3					
	4					
	5					
	6					
$\bar{\alpha}_2$	—					
质量 m	—	—				
半径 R	—	—		内： 外：	—	—
长度 L	—	—	—	—		—

教师签名：

________年____月____日

本页为原始记录，请在课内完成，下课前交给教师检查签字。

【数据处理】

【思考题及实验小结】

请在一周内完成实验报告，下周课前交给教师批阅。

大学物理实验报告

座位号	

实验名称：力学传感器特性研究			
姓名		学号	
专业		电话	
实验日期：________年____月____日 教学周第____周　星期____第____大节　____时____分上课 实验地点：________校区________楼________			
成绩评定			
预习情况	操作情况	数据处理	总评成绩
教师签名：		评定日期： ________年____月____日	

实验报告说明：

1. 认真预习实验内容后才能参加实验。
2. 进入实验室时须出示实验报告，将原始数据记录在实验报告数据表格中（注意：不得用铅笔记录，不得大范围涂改）。
3. 实验课后一周内规范完整地完成实验报告，并在下一周实验课前提交给教师批阅。

【实验目的】

【实验仪器用具】

【实验原理】（请在预习教材对应内容后简明扼要地归纳总结叙述，注意：需要认真作出实验原理图。）

请课前预习并认真填写完整，上课时交给教师检查。

【实验原理】

请课前预习并认真填写完整，上课时交给教师检查。

【实验内容与步骤】

请课前预习并认真填写完整，上课时交给教师检查。

【实验数据记录】（注意：将单位、有效数字、数据填入表格中。）

表1　灵 敏 度 S

次序	砝码质量 /g	外力 F（$=mg$）/N	U_o/mV		
			加载	减载	平均
0					
1					
2					
3					
4					
5					
6					
7					
8					

表2　电源电压及输出电压

电源电压 /V	2.00	3.00	4.00	5.00	6.00	7.00	8.00	9.00	10.00	11.00
输出电压 /mV										

教师签名：

＿＿＿＿年＿＿月＿＿日

本页为原始记录，请在课内完成，下课前交给教师检查签字。

【数据处理】

1. 计算灵敏度 S

用逐差法求出传感器的灵敏度 S。

2. 绘出传感器特性曲线

请在一周内完成实验报告，下周课前交给教师批阅。

【数据处理】

3. 写出物体重量和电源输出电压 E 与电桥输出电压 U_o 的关系。

4. 用压力传感器测量任意物体的重量，表格自行设计。

【思考题及实验小结】

请在一周内完成实验报告，下周课前交给教师批阅。

附页：

大学物理实验报告

座位号	

实验名称：电表的改装与校准			
姓名		学号	
专业		电话	
实验日期：________年____月____日 教学周第____周　星期____第____大节　____时____分上课 实验地点：________校区________楼________			
成绩评定			
预习情况	操作情况	数据处理	总评成绩
教师签名：		评定日期： ________年____月____日	

实验报告说明：

1. 认真预习实验内容后才能参加实验。

2. 进入实验室时须出示实验报告，将原始数据记录在实验报告数据表格中（注意：不得用铅笔记录，不得大范围涂改）。

3. 实验课后一周内规范完整地完成实验报告，并在下一周实验课前提交给教师批阅。

【实验目的】

【实验仪器用具】

【实验原理】（请在预习教材对应内容后简明扼要地归纳总结叙述，注意：需要认真作出实验原理图。）

请课前预习并认真填写完整，上课时交给教师检查。

【实验原理】

请课前预习并认真填写完整，上课时交给教师检查。

【实验原理】

【实验内容与步骤】

请课前预习并认真填写完整，上课时交给教师检查。

【实验数据记录】（注意：将单位、有效数字、数据填入表格中。）

表 1　电流表校准数据和电压表校准数据

电表		电流表					电压表				
I_x, V_x/div		10	20	30	40	50	10	20	30	40	50
预期值 I_x, V_x											
I_s, V_s	上升										
	下降										
$\bar{I}_s, \bar{V}_s$											
$\Delta I, \Delta V$											

教师签名：

________年___月___日

本页为原始记录，请在课内完成，下课前交给教师检查签字。

【数据处理】

1. 在坐标纸上作出 I_s–I_x、V_s–V_x 两条定标曲线和 ΔI–I_s、ΔV–V_s 校准曲线。

2. 由校准曲线算出 I_1、V_1 两表的标称误差，并分别判定两表的准确度等级。

【思考题及实验小结】

请在一周内完成实验报告，下周课前交给教师批阅。

大学物理实验报告

座位号	

<table>
<tr><td colspan="4">实验名称：用惠斯通电桥测电阻</td></tr>
<tr><td>姓名</td><td></td><td>学号</td><td></td></tr>
<tr><td>专业</td><td></td><td>电话</td><td></td></tr>
<tr><td colspan="4">实验日期：________年____月____日
教学周第____周　星期____第____大节　____时____分上课
实验地点：________校区________楼________</td></tr>
<tr><td colspan="4">成绩评定</td></tr>
<tr><td>预习情况</td><td>操作情况</td><td>数据处理</td><td>总评成绩</td></tr>
<tr><td></td><td></td><td></td><td></td></tr>
<tr><td colspan="2">教师签名：</td><td colspan="2">评定日期：
________年____月____日</td></tr>
</table>

实验报告说明：

1. 认真预习实验内容后才能参加实验。

2. 进入实验室时须出示实验报告，将原始数据记录在实验报告数据表格中（注意：不得用铅笔记录，不得大范围涂改）。

3. 实验课后一周内规范完整地完成实验报告，并在下一周实验课前提交给教师批阅。

【实验目的】

【实验仪器用具】

【实验原理】（请在预习教材对应内容后简明扼要地归纳总结叙述，注意：需要认真作出实验原理图。）

请课前预习并认真填写完整，上课时交给教师检查。

【实验原理】

请课前预习并认真填写完整，上课时交给教师检查。

【实验内容与步骤】

请课前预习并认真填写完整，上课时交给教师检查。

【实验数据记录】（注意：将单位、有效数字、数据填入表格中。）	【数据处理】

表 1　滑线式惠斯通电桥测量数据

测量对象			R_{x_1}/Ω	R_{x_2}/Ω	$R_{x_{串}}/\Omega$	$R_{x_{并}}/\Omega$
滑线式电桥测电阻	R_0/Ω					
	R_0, R_x 换位前 l_1/cm	1				
		2				
		3				
	R_0, R_x 换位后 l_1/cm	1				
		2				
		3				
	平均值 $\bar{l}_1\left(=\frac{1}{6}\sum_{i=1}^{6}l_{1i}\right)$/cm					
	$l_1\ (=+\bar{l}_1\pm\Delta\bar{l}_1)$/cm					
	$\bar{R}_{xi}\left(=\frac{\bar{l}_1}{L-\bar{l}_1}R_0\right)$/Ω					
箱式电桥测电阻	比率臂值 M					
	R_0/Ω					
	$\bar{R}_{xi}\ (=M_i\cdot R_{0i})/\Omega$					
	R_0/Ω					
	n/div					
	$S\left(=\frac{\Delta n}{\Delta R_0/R_0}\right)$/div					

教师签名：

＿＿＿＿年＿＿月＿＿日

本页为原始记录，请在课内完成，下课前交给教师检查签字。

【思考题及实验小结】

请在一周内完成实验报告，下周课前交给教师批阅。

大学物理实验报告

座位号	

实验名称：用电位差计测电动势和电压			
姓名		学号	
专业		电话	

实验日期：________年____月____日

教学周第____周　星期____第____大节　____时____分上课

实验地点：________校区________楼________

成绩评定			
预习情况	操作情况	数据处理	总评成绩

教师签名：	评定日期： ________年____月____日

实验报告说明：

1. 认真预习实验内容后才能参加实验。

2. 进入实验室时须出示实验报告，将原始数据记录在实验报告数据表格中（注意：不得用铅笔记录，不得大范围涂改）。

3. 实验课后一周内规范完整地完成实验报告，并在下一周实验课前提交给教师批阅。

【实验目的】

【实验仪器用具】

【实验原理】（请在预习教材对应内容后简明扼要地归纳总结叙述，注意：需要认真作出实验原理图。）

请课前预习并认真填写完整，上课时交给教师检查。

【实验原理】

请课前预习并认真填写完整，上课时交给教师检查。

【实验内容与步骤】

请课前预习并认真填写完整，上课时交给教师检查。

【实验数据记录】(注意：将单位、有效数字、数据填入表格中。)

表 1　用弦线式电位差计测量干电池的电动势

次数	1	2	3	4	5	6	平均值
l_{PC}/m							
$l_{P'C'}$/m							

表 2　用箱式电位差计测电源端电压

次数	1	2	3	4	5	6
V_x'/mV						
V_x/mV						

教师签名：

________年____月____日

本页为原始记录，请在课内完成，下课前交给教师检查签字。

【数据处理】

【思考题及实验小结】

请在一周内完成实验报告，下周课前交给教师批阅。

大学物理实验报告

座位号	

实验名称：电子束的偏转与聚焦			
姓名		学号	
专业		电话	
实验日期：________年____月____日 教学周第____周 星期____第____大节 ____时____分上课 实验地点：________校区________楼________			
成绩评定			
预习情况	操作情况	数据处理	总评成绩
教师签名：		评定日期： ________年____月____日	

实验报告说明：

1. 认真预习实验内容后才能参加实验。

2. 进入实验室时须出示实验报告，将原始数据记录在实验报告数据表格中（注意：不得用铅笔记录，不得大范围涂改）。

3. 实验课后一周内规范完整地完成实验报告，并在下一周实验课前提交给教师批阅。

【实验目的】

【实验仪器用具】

【实验原理】（请在预习教材对应内容后简明扼要地归纳总结叙述，注意：需要认真作出实验原理图。）

请课前预习并认真填写完整，上课时交给教师检查。

【实验原理】

请课前预习并认真填写完整，上课时交给教师检查。

【实验原理】

请课前预习并认真填写完整，上课时交给教师检查。

【实验内容与步骤】

请课前预习并认真填写完整，上课时交给教师检查。

【实验数据记录】(注意：将单位、有效数字、数据填入表格中。)

表 1　电偏转灵敏度测量

U_2=650 V	D/mm	5	10	15	20	25
	U_d/V					
U_2=950 V	D/mm	5	10	15	20	25
	U_d/V					

表 2　磁偏转灵敏度测量

U_2=600 V						
正电流	D/mm	3	6	9	12	15
	I/mA					
反电流	D/mm	−3	−6	−9	−12	−15
	I/mA					
U_2=700 V						
正电流	D/mm	3	6	9	12	15
	I/mA					
反电流	D/mm	−3	−6	−9	−12	−15
	I/mA					

本页为原始记录，请在课内完成，下课前交给教师检查签字。

【实验数据记录】(注意：将单位、有效数字、数据填入表格中。)

表 3　电聚焦测量

U_2/V	600	700	800	900	1 000
U_1/V					
U_2/U_1					

表 4　磁聚焦与电子荷质比测量

励磁电流	阳极电压 U_2/V			
	700	800	900	1 000
$I_{正}$/A				
$I_{反}$/A				
$I_{平均}$/A				
电子荷质比$\frac{e}{m}\Big/(\mathrm{c}\cdot\mathrm{kg}^{-1})$				

教师签名：

________年____月____日

本页为原始记录，请在课内完成，下课前交给教师检查签字。

【数据处理】

1. 电偏转灵敏度测量

绘制阳极电压 U_2 不同时的 D–U_d 曲线，求出曲线的斜率，此即电偏转灵敏度。

请在一周内完成实验报告，下周课前交给教师批阅。

【数据处理】

2. 磁偏转灵敏度测量

绘制阳极电压 U_2 不同时的曲线，求出曲线的斜率，此即磁偏转灵敏度。

【思考题及实验小结】

请在一周内完成实验报告，下周课前交给教师批阅。

附页：

大学物理实验报告

座位号	

实验名称：示波器的认识和使用			
姓名		学号	
专业		电话	
实验日期：_______年____月____日 教学周第____周　星期____第____大节　____时____分上课 实验地点：_______校区_______楼_______			
成绩评定			
预习情况	操作情况	数据处理	总评成绩
教师签名：		评定日期： _______年____月____日	

实验报告说明：

1. 认真预习实验内容后才能参加实验。

2. 进入实验室时须出示实验报告，将原始数据记录在实验报告数据表格中（注意：不得用铅笔记录，不得大范围涂改）。

3. 实验课后一周内规范完整地完成实验报告，并在下一周实验课前提交给教师批阅。

【实验目的】

【实验仪器用具】

【实验原理】（请在预习教材对应内容后简明扼要地归纳总结叙述，注意：需要认真作出实验原理图。）

请课前预习并认真填写完整，上课时交给教师检查。

【实验原理】

请课前预习并认真填写完整，上课时交给教师检查。

【实验内容与步骤】

请课前预习并认真填写完整，上课时交给教师检查。

【实验数据记录】(注意：将单位、有效数字、数据填入表格中。)

1. 方波测量

电压(Y轴)		时间(X轴)		结果		
挡位/(V/DIV)	格数/DIV	挡位/(ms/DIV)	格数/DIV	峰－峰值/V	周期/ms	频率/Hz

2. 正弦波测量

电压(Y轴)		时间(X轴)		结果			信号发生器示值	
挡位/(V/DIV)	格数/DIV	挡位/(ms/DIV)	格数/DIV	峰－峰值/V	周期/ms	频率/Hz	峰－峰值/V	频率/Hz
							6	500

3. 交流电压测量

电压(Y轴)		时间(X轴)		结果			
挡位/(V/DIV)	格数/DIV	挡位/(ms/DIV)	格数/DIV	峰－峰值/V	电压有效值/V	周期/ms	频率/Hz

4. 观察李萨如图形，测量市电频率

频率比	李萨如图形	信号发生器读数	市电频率
1 ∶ 1			
1 ∶ 2			
1 ∶ 3			
1 ∶ 4			

教师签名：

________年____月____日

本页为原始记录，请在课内完成，下课前交给教师检查签字。

【数据处理】

1. 方波测量(在坐标纸左侧作图)；2. 正弦波测量(在坐标纸右侧作图)。

3. 交流电压测量(在坐标纸左侧作图)；4. 整流滤波波形(在坐标纸右侧作图)。

【思考题及实验小结】

请在一周内完成实验报告，下周课前交给教师批阅。

大学物理实验报告

座位号	

实验名称：用示波器研究互感耦合线圈			
姓名		学号	
专业		电话	
实验日期：______年___月___日 教学周第___周　星期___第___大节　___时___分上课 实验地点：______校区______楼______			
成绩评定			
预习情况	操作情况	数据处理	总评成绩
教师签名：		评定日期： ______年___月___日	

实验报告说明：

1. 认真预习实验内容后才能参加实验。

2. 进入实验室时须出示实验报告，将原始数据记录在实验报告数据表格中（注意：不得用铅笔记录，不得大范围涂改）。

3. 实验课后一周内规范完整地完成实验报告，并在下一周实验课前提交给教师批阅。

【实验目的】

【实验仪器用具】

【实验原理】（请在预习教材对应内容后简明扼要地归纳总结叙述，注意：需要认真作出实验原理图。）

请课前预习并认真填写完整，上课时交给教师检查。

【实验原理】

请课前预习并认真填写完整，上课时交给教师检查。

【实验内容与步骤】

请课前预习并认真填写完整，上课时交给教师检查。

【实验数据记录】(注意：将单位、有效数字、数据填入表格中。)

表 1　测量互感系数 M

(仪器标示值：M=　　H)

输出信号频率 f/Hz	电阻 R/Ω	负载值 /Ω	U 的峰－峰值 U_0/V	U_2 的峰－峰值 U_{20}/V	互感系数 M
500	1 000	10 000			

表 2　测量变压比系数

负载值 /Ω	输出信号频率 f/Hz	U_1 的峰－峰值 U_{10}/V	U_2 的峰－峰值 U_{20}/V	变压比系数 N
200	500			
400	500			
800	500			
1 000	500			
3 000	500			
5 000	500			
8 000	500			
9 000	500			
10 000	500			

教师签名：

________年____月____日

本页为原始记录，请在课内完成，下课前交给教师检查签字。

【数据处理】

分析变压比发生变化的原因。

【思考题及实验小结】

请在一周内完成实验报告，下周课前交给教师批阅。

大学物理实验报告

座位号	

实验名称：用霍尔法测磁场			
姓名		学号	
专业		电话	
实验日期：________年____月____日 教学周第____周　星期____第____大节　____时____分上课 实验地点：________校区________楼________			
成绩评定			
预习情况	操作情况	数据处理	总评成绩
教师签名：		评定日期： ________年____月____日	

实验报告说明：

1. 认真预习实验内容后才能参加实验。

2. 进入实验室时须出示实验报告，将原始数据记录在实验报告数据表格中（注意：不得用铅笔记录，不得大范围涂改）。

3. 实验课后一周内规范完整地完成实验报告，并在下一周实验课前提交给教师批阅。

【实验目的】

【实验仪器用具】

【实验原理】（请在预习教材对应内容后简明扼要地归纳总结叙述，注意：需要认真作出实验原理图。）

请课前预习并认真填写完整，上课时交给教师检查。

【实验原理】

请课前预习并认真填写完整，上课时交给教师检查。

【实验原理】

请课前预习并认真填写完整，上课时交给教师检查。

【实验内容与步骤】

请课前预习并认真填写完整，上课时交给教师检查。

【实验数据记录】（注意：将单位、有效数字、数据填入表格中。）

表 1　B–I_M 曲线数据表

$n=N/L=$　　，$I_S=6.00$ mA

I_M/mA	100	200	300	400	500	600
V_1/mV（$+I_M$，$+I_S$）						
V_2/mV（$+I_M$，$-I_S$）						
V_3/mV（$-I_M$，$-I_S$）						
V_4/mV（$-I_M$，$+I_S$）						
V_H/mV						
B/T						
$B_{理论}$/T						

表 2　B–X 曲线数据表

$I_M=600$ mA，$I_S=5.00$ mA

X/cm	30	29	28	27	26	25	24	23	22	21	20	19	18	17	16
V_1/mV（$+I_M$，$+I_S$）															
V_2/mV（$+I_M$，$-I_S$）															
V_3/mV（$-I_M$，$-I_S$）															
V_4/mV（$-I_M$，$+I_S$）															
V_H/mV															
B/T															

教师签名：

________年____月____日

本页为原始记录，请在课内完成，下课前交给教师检查签字。

【数据处理】

1. 绘制 B–I_M 曲线

请在一周内完成实验报告，下周课前交给教师批阅。

【数据处理】

2. 绘制 B–X 曲线

【思考题及实验小结】

请在一周内完成实验报告，下周课前交给教师批阅。

大学物理实验报告

座位号	

实验名称：热电偶温差系数的测量			
姓名		学号	
专业		电话	
实验日期：________年____月____日 教学周第____周 星期____第____大节 ____时____分上课 实验地点：________校区________楼________			
成绩评定			
预习情况	操作情况	数据处理	总评成绩
教师签名：		评定日期： ________年____月____日	

实验报告说明：

1. 认真预习实验内容后才能参加实验。

2. 进入实验室时须出示实验报告，将原始数据记录在实验报告数据表格中（注意：不得用铅笔记录，不得大范围涂改）。

3. 实验课后一周内规范完整地完成实验报告，并在下一周实验课前提交给教师批阅。

【实验目的】

【实验仪器用具】

【实验原理】（请在预习教材对应内容后简明扼要地归纳总结叙述，注意：需要认真作出实验原理图。）

请课前预习并认真填写完整，上课时交给教师检查。

【实验原理】

【实验内容与步骤】

请课前预习并认真填写完整，上课时交给教师检查。

【实验内容与步骤】

请课前预习并认真填写完整，上课时交给教师检查。

【实验数据记录】（注意：将单位、有效数字、数据填入表格中。）

表 1　$\mathcal{E}$–t 测量数据表　　t_0=0℃

测量次数 i	1	2	3	4	5	6	7	8	9
热端温度 t_i/℃									
温差电动势 $\mathcal{E}_i$/mV									

教师签名：

_______年___月___日

【数据处理】

1. 用图解法确定温差系数 α

本页为原始记录，请在课内完成，下课前交给教师检查签字。

【数据处理】

2. 用逐差法计算温差系数 α

【思考题及实验小结】

请在一周内完成实验报告，下周课前交给教师批阅。

大学物理实验报告

座位号	

实验名称：温度传感器特性研究			
姓名		学号	
专业		电话	
实验日期：_______年___月___日 教学周第___周 星期___第___大节 ___时___分上课 实验地点：_______校区_______楼_______			
成绩评定			
预习情况	操作情况	数据处理	总评成绩
教师签名：		评定日期： _______年___月___日	

实验报告说明：

1. 认真预习实验内容后才能参加实验。
2. 进入实验室时须出示实验报告，将原始数据记录在实验报告数据表格中（注意：不得用铅笔记录，不得大范围涂改）。
3. 实验课后一周内规范完整地完成实验报告，并在下一周实验课前提交给教师批阅。

【实验目的】

【实验仪器用具】

【实验原理】（请在预习教材对应内容后简明扼要地归纳总结叙述，注意：需要认真作出实验原理图。）

请课前预习并认真填写完整，上课时交给教师检查。

【实验原理】

请课前预习并认真填写完整，上课时交给教师检查。

【实验原理】

请课前预习并认真填写完整，上课时交给教师检查。

【实验内容与步骤】

请课前预习并认真填写完整，上课时交给教师检查。

【实验数据记录】（注意：将单位、有效数字、数据填入表格中。）

表 1　NTC 电阻 – 温度特性

温度 t_i/℃	25.0	30.0	35.0	40.0	45.0	50.0	55.0	60.0	65.0
R_t/kΩ									
R_f/kΩ									
R_s/kΩ									

教师签名：

________年____月____日

本页为原始记录，请在课内完成，下课前交给教师检查签字。

【数据处理】

绘制 NTC 电阻 - 温度特性曲线图

请在一周内完成实验报告，下周课前交给教师批阅。

【数据处理】

【思考题及实验小结】

请在一周内完成实验报告，下周课前交给教师批阅。

大学物理实验报告

座位号	

<table>
<tr><td colspan="4">实验名称：用准稳态法测导热系数和比热容</td></tr>
<tr><td>姓名</td><td></td><td>学号</td><td></td></tr>
<tr><td>专业</td><td></td><td>电话</td><td></td></tr>
<tr><td colspan="4">实验日期：______年___月___日
教学周第___周　星期___第___大节　___时___分上课
实验地点：______校区______楼______</td></tr>
<tr><td colspan="4">成绩评定</td></tr>
<tr><td>预习情况</td><td>操作情况</td><td>数据处理</td><td>总评成绩</td></tr>
<tr><td></td><td></td><td></td><td></td></tr>
<tr><td colspan="2">教师签名：</td><td colspan="2">评定日期：
______年___月___日</td></tr>
</table>

实验报告说明：

1. 认真预习实验内容后才能参加实验。
2. 进入实验室时须出示实验报告，将原始数据记录在实验报告数据表格中（注意：不得用铅笔记录，不得大范围涂改）。
3. 实验课后一周内规范完整地完成实验报告，并在下一周实验课前提交给教师批阅。

【实验目的】

【实验仪器用具】

【实验原理】（请在预习教材对应内容后简明扼要地归纳总结叙述，注意：需要认真作出实验原理图。）

请课前预习并认真填写完整，上课时交给教师检查。

【实验原理】

请课前预习并认真填写完整，上课时交给教师检查。

【实验原理】

请课前预习并认真填写完整，上课时交给教师检查。

【实验内容与步骤】

请课前预习并认真填写完整，上课时交给教师检查。

【实验数据记录】（注意：将单位、有效数字、数据填入表格中。）

表 1　样品的温差热电势和中心面热电势

时间 t/min	1	2	3	4	5	6	7	8	9	10
温差热电势 V_t/mV										
中心面热电势 V/mV										
每分钟温升热电势 $\Delta V(=V_{n+1}-V_n)$/mV										
时间 t/min	11	12	13	14	15	16	17	18	19	20
温差热电势 V_t/mV										
中心面热电势 V/mV										
每分钟温升热电势 $\Delta V(=V_{n+1}-V_n)$/mV										

表 2　温差和温升速率

	第　min	第　min	第　min	第　min	第　min
温差 ΔT/K					
中心面温升速率$\frac{dT}{dt}\Big/$(K/s)					

本页为原始记录，请在课内完成，下课前交给教师检查签字。

【实验数据记录】(注意：将单位、有效数字、数据填入表格中。)

表3　有机玻璃样品的导热系数 λ 和比热容 c

测量值	时间					
	第　min	第　min	第　min	第　min	第　min	平均值
导热系数 λ/[W/(m·K)]						$\bar{\lambda}=\frac{\sum_{i=1}^{5}\lambda_i}{5}$ =
比热容 c/[J/(kg·K)]						$\bar{c}=\frac{\sum_{i=1}^{5}c_i}{5}$ =

教师签名：

______年____月____日

本页为原始记录，请在课内完成，下课前交给教师检查签字。

【数据处理】

【思考题及实验小结】

请在一周内完成实验报告，下周课前交给教师批阅。

大学物理实验报告

座位号	

<table>
<tr><td colspan="4">实验名称：弦振动实验</td></tr>
<tr><td>姓名</td><td></td><td>学号</td><td></td></tr>
<tr><td>专业</td><td></td><td>电话</td><td></td></tr>
<tr><td colspan="4">实验日期：_______年____月____日
教学周第____周　星期____第____大节　____时____分上课
实验地点：_______校区_______楼_______</td></tr>
<tr><td colspan="4">成绩评定</td></tr>
<tr><td>预习情况</td><td>操作情况</td><td>数据处理</td><td>总评成绩</td></tr>
<tr><td></td><td></td><td></td><td></td></tr>
<tr><td colspan="2">教师签名：</td><td colspan="2">评定日期：

_______年____月____日</td></tr>
</table>

实验报告说明：

1. 认真预习实验内容后才能参加实验。

2. 进入实验室时须出示实验报告，将原始数据记录在实验报告数据表格中（注意：不得用铅笔记录，不得大范围涂改）。

3. 实验课后一周内规范完整地完成实验报告，并在下一周实验课前提交给教师批阅。

【实验目的】

【实验仪器用具】

【实验原理】（请在预习教材对应内容后简明扼要地归纳总结叙述，注意：需要认真作出实验原理图。）

请课前预习并认真填写完整，上课时交给教师检查。

【实验原理】

请课前预习并认真填写完整，上课时交给教师检查。

【实验内容与步骤】

请课前预习并认真填写完整，上课时交给教师检查。

【实验数据记录】（注意：将单位、有效数字、数据填入表格中。）

表 1　张力和弦长一定，测量弦线的共振频率和横波的传播速度

弦长：　　cm，张力：　　kg · m/s^2，线密度：5.01×10^{-4} kg/m

接收线圈位置	波腹数	波长 /cm	共振频率实测值 /Hz	共振频率计算值 /Hz	传播速度 /（m/s）
$\frac{L}{2}$					
$\frac{L}{4}$					
$\frac{L}{6}$					

表 2　张力和线密度一定，改变弦长测量弦线的共振频率和横波的传播速度

张力：　　kg · m/s^2，线密度：5.01×10^{-4} kg/m

弦长 /cm	波腹数	波长 /cm	共振频率 /Hz	传播速度 /（m/s）
50				
40				
30				

表 3　弦长和线密度一定，改变张力，测量弦线的共振频率和横波的传播速度

弦长：　　cm，线密度：5.01×10^{-4} kg/m

张力 /（kg · m/s^2）	波腹位置 /cm	波节位置 /cm	波腹数	波长 /cm	共振频率 /Hz	传播速度 /（m/s）

教师签名：

________年____月____日

本页为原始记录，请在课内完成，下课前交给教师检查签字。

【数据处理】

绘制波形图

【思考题及实验小结】

请在一周内完成实验报告，下周课前交给教师批阅。

大学物理实验报告

座位号	

实验名称：超声波声速的测量			
姓名		学号	
专业		电话	
实验日期：________年____月____日 教学周第____周　星期____第____大节　____时____分上课 实验地点：________校区________楼________			
成绩评定			
预习情况	操作情况	数据处理	总评成绩
教师签名：		评定日期： ________年____月____日	

实验报告说明：

1. 认真预习实验内容后才能参加实验。

2. 进入实验室时须出示实验报告，将原始数据记录在实验报告数据表格中（注意：不得用铅笔记录，不得大范围涂改）。

3. 实验课后一周内规范完整地完成实验报告，并在下一周实验课前提交给教师批阅。

【实验目的】

【实验仪器用具】

【实验原理】（请在预习教材对应内容后简明扼要地归纳总结叙述，注意：需要认真作出实验原理图。）

请课前预习并认真填写完整，上课时交给教师检查。

【实验原理】

请课前预习并认真填写完整，上课时交给教师检查。

【实验原理】

请课前预习并认真填写完整，上课时交给教师检查。

【实验内容与步骤】

请课前预习并认真填写完整，上课时交给教师检查。

【实验数据记录】（注意：将单位、有效数字、数据填入表格中。）

表 1　驻波法测声速

室温 T=　　　，大气压强 p=　　　，相对湿度 RH=

l_1/mm	l_2/mm	l_3/mm	l_4/mm	l_5/mm	l_6/mm	l_7/mm	l_8/mm	l_9/mm	l_{10}/mm
f_1/kHz	f_2/kHz	f_3/kHz	f_4/kHz	f_5/kHz	f_6/kHz	f_7/kHz	f_8/kHz	f_9/kHz	f_{10}/kHz

表 2　驻波法测定声速——$\bar{\lambda}$的分组逐差处理

序号 i	1	2	3	4	5	
$\lambda_i\left[=\frac{2}{5}(L_{i+5}-L_i)\right]$/mm						$\bar{\lambda}=\frac{1}{5}\sum_{i=1}^{5}\lambda_i$ =
$S_{\lambda_i}(=\lvert\lambda_i-\bar{\lambda}\rvert)$/mm						$\bar{S}_{\bar{\lambda}}=\frac{1}{5}\sum_{i=1}^{5}S_{\lambda_i}$ =

表 3　驻波法测定声速——$\bar{f}$的逐项逐差法处理

序号 i	f_1/kHz	f_2/kHz	f_3/kHz	f_4/kHz	f_5/kHz	f_6/kHz	f_7/kHz	f_8/kHz	f_9/kHz	f_{10}/kHz	$\bar{f}$/kHz
f_i/kHz											
$S_{f_i}=\lvert f_{i+1}-f_i\rvert$/kHz											$\bar{S}_{\bar{f}}=\frac{1}{9}\sum_{i=1}^{9}\lvert f_{i+1}-f_i\rvert$ =

教师签名：

________年____月____日

本页为原始记录，请在课内完成，下课前交给教师检查签字。

【数据处理】

【思考题及实验小结】

请在一周内完成实验报告，下周课前交给教师批阅。

附页：

大学物理实验报告

座位号	

实验名称：分光计的调节与使用			
姓名		学号	
专业		电话	
实验日期：____年__月__日 教学周第__周　星期__第__大节　__时__分上课 实验地点：____校区____楼____			
成绩评定			
预习情况	操作情况	数据处理	总评成绩
教师签名：		评定日期： ____年__月__日	

实验报告说明：

1. 认真预习实验内容后才能参加实验。

2. 进入实验室时须出示实验报告，将原始数据记录在实验报告数据表格中（注意：不得用铅笔记录，不得大范围涂改）。

3. 实验课后一周内规范完整地完成实验报告，并在下一周实验课前提交给教师批阅。

【实验目的】

【实验仪器用具】

【实验原理】（请在预习教材对应内容后简明扼要地归纳总结叙述，注意：需要认真作出实验原理图。）

请课前预习并认真填写完整，上课时交给教师检查。

【实验原理】

请课前预习并认真填写完整，上课时交给教师检查。

【实验原理】

请课前预习并认真填写完整，上课时交给教师检查。

【实验原理】

【实验内容与步骤】

请课前预习并认真填写完整，上课时交给教师检查。

【实验数据记录】（注意：将单位、有效数字、数据填入表格中。）

表 1　测顶角 A

测量方法：__________，棱镜编号 No.：

次数	望远镜在左边		望远镜在右边		$\|\theta_1-\theta_2\|$	$\|\theta'_1-\theta'_2\|$	ϕ	A
	游标 1（θ_1）	游标 2（θ'_1）	游标 1（θ_2）	游标 2（θ'_2）				
1								
2								
3								

注：1. 在记录和计算角度时建议保持先读左游标后读右游标的顺序，以防混淆角度。

2. 若望远镜从第 1 位置转到第 2 位置时，游标零线与刻度盘零线相遇，则此游标测出的 $\varphi=360°0'-|\theta_1-\theta_2|$。

教师签名：

______年____月____日

本页为原始记录，请在课内完成，下课前交给教师检查签字。

【数据处理】

【思考题及实验小结】

请在一周内完成实验报告，下周课前交给教师批阅。

附页：

大学物理实验报告

座位号	

实验名称：衍射光栅实验			
姓名		学号	
专业		电话	
实验日期：_______年___月___日 教学周第___周 星期___第___大节 ___时___分上课 实验地点：_______校区_______楼_______			
成绩评定			
预习情况	操作情况	数据处理	总评成绩
教师签名：		评定日期： _______年___月___日	

实验报告说明：

1. 认真预习实验内容后才能参加实验。

2. 进入实验室时须出示实验报告，将原始数据记录在实验报告数据表格中（注意：不得用铅笔记录，不得大范围涂改）。

3. 实验课后一周内规范完整地完成实验报告，并在下一周实验课前提交给教师批阅。

【实验目的】

【实验仪器用具】

【实验原理】（请在预习教材对应内容后简明扼要地归纳总结叙述，注意：需要认真作出实验原理图。）

请课前预习并认真填写完整，上课时交给教师检查。

【实验原理】

请课前预习并认真填写完整，上课时交给教师检查。

【实验内容与步骤】

请课前预习并认真填写完整，上课时交给教师检查。

【实验数据记录】（注意：将单位、有效数字、数据填入表格中。）

表 1 衍射光栅数据记录表

$\lambda=5.461\times10^{-7}$ m，$\dfrac{1}{(a+b)_{标}}=3.00\times10^{5}\ \mathrm{m}^{-1}$

次数	游标	左 2 级	左 1 级	右 1 级	右 2 级	$2\varphi_{1i}$=|左 1 级 − 右 1 级|	$2\varphi_{2i}$=|左 2 级 − 右 2 级|
1	1						
	2						
2	1						
	2						
3	1						
	2						

教师签名：

______年___月___日

本页为原始记录，请在课内完成，下课前交给教师检查签字。

【数据处理】

【思考题及实验小结】

请在一周内完成实验报告，下周课前交给教师批阅。

大学物理实验报告

座位号	

实验名称：等厚干涉实验——牛顿环			
姓名		学号	
专业		电话	
实验日期：______年___月___日 教学周第___周 星期___第___大节 ___时___分上课 实验地点：______校区______楼______			
成绩评定			
预习情况	操作情况	数据处理	总评成绩
教师签名：		评定日期： ______年___月___日	

实验报告说明：

1. 认真预习实验内容后才能参加实验。

2. 进入实验室时须出示实验报告，将原始数据记录在实验报告数据表格中（注意：不得用铅笔记录，不得大范围涂改）。

3. 实验课后一周内规范完整地完成实验报告，并在下一周实验课前提交给教师批阅。

【实验目的】

【实验仪器用具】

【实验原理】（请在预习教材对应内容后简明扼要地归纳总结叙述，注意：需要认真作出实验原理图。）

请课前预习并认真填写完整，上课时交给教师检查。

【实验原理】

请课前预习并认真填写完整，上课时交给教师检查。

【实验内容与步骤】

请课前预习并认真填写完整，上课时交给教师检查。

【实验数据记录】(注意：将单位、有效数字、数据填入表格中。)

表 1　等厚干涉数据记录表

$\lambda=5.893\times10^{-7}$ m，级差 $m-n=9$，仪器编号：

环数	次数	环位置 /mm		环直径 d_i/mm	$\bar{d}$/mm	$\lvert\Delta d_i\rvert$/mm	$\overline{\Delta d}$/mm	R_i/m
		左	右					
21	1							
	2							
	3							$R_1=\dfrac{\bar{d}_{21}^2-\bar{d}_{12}^2}{4(21-12)\lambda}$
18	1							
	2							
	3							
15	1							
	2							
	3							$R_2=\dfrac{\bar{d}_{18}^2-\bar{d}_9^2}{4(18-9)\lambda}$
12	1							
	2							
	3							
9	1							
	2							
	3							$R_3=\dfrac{\bar{d}_{15}^2-\bar{d}_6^2}{4(15-6)\lambda}$
6	1							
	2							
	3							

教师签名：

________年____月____日

本页为原始记录，请在课内完成，下课前交给教师检查签字。

【数据处理】

【思考题及实验小结】

请在一周内完成实验报告，下周课前交给教师批阅。

大学物理实验报告

座位号	

实验名称：迈克耳孙干涉实验			
姓名		学号	
专业		电话	
实验日期：________年____月____日 教学周第____周　星期____第____大节　____时____分上课 实验地点：________校区________楼________			
成绩评定			
预习情况	操作情况	数据处理	总评成绩
教师签名：		评定日期： ________年____月____日	

实验报告说明：

1. 认真预习实验内容后才能参加实验。

2. 进入实验室时须出示实验报告，将原始数据记录在实验报告数据表格中（注意：不得用铅笔记录，不得大范围涂改）。

3. 实验课后一周内规范完整地完成实验报告，并在下一周实验课前提交给教师批阅。

【实验目的】

【实验仪器用具】

【实验原理】（请在预习教材对应内容后简明扼要地归纳总结叙述，注意：需要认真作出实验原理图。）

请课前预习并认真填写完整，上课时交给教师检查。

【实验原理】

请课前预习并认真填写完整，上课时交给教师检查。

【实验内容与步骤】

请课前预习并认真填写完整，上课时交给教师检查。

【实验数据记录】(注意：将单位、有效数字、数据填入表格中。)

表 1　迈克耳孙干涉实验数据记录表　$\Delta_{仪}$=50 nm

逐差列数 i	1	2	3	4
条纹变化数 $N_{1\sim4}$	0	50	100	150
M_1 位置 $d_{1\sim4}$/mm				
条纹变化数 $N_{5\sim8}$	200	250	300	350
M_1 位置 $d_{5\sim8}$/mm				
$\Delta N=N_{i+4}-N_i$	200	200	200	200
ΔD_i ($=\lvert d_{i+4}-d_i\rvert$) /mm				
λ_i ($=\Delta D_i/100$) /nm				
$\bar{\lambda}\left(=\frac{1}{4}\sum_{i=1}^{4}\lambda_i\right)$/nm				
$\Delta\lambda_i$ ($=\lvert\lambda_i-\bar{\lambda}\rvert$) /nm				
$\overline{\Delta\lambda}\left(=\frac{1}{4}\sum_{i=1}^{4}\Delta\lambda_i\right)$/nm				

教师签名：

________年____月____日

本页为原始记录，请在课内完成，下课前交给教师检查签字。

【数据处理】

【思考题及实验小结】

请在一周内完成实验报告，下周课前交给教师批阅。

大学物理实验报告

座位号	

实验名称：光强分布的测量			
姓名		学号	
专业		电话	
实验日期：________年____月____日 教学周第____周 星期____第____大节 ____时____分上课 实验地点：________校区________楼________			
成绩评定			
预习情况	操作情况	数据处理	总评成绩
教师签名：		评定日期： ________年____月____日	

实验报告说明：

1. 认真预习实验内容后才能参加实验。

2. 进入实验室时须出示实验报告，将原始数据记录在实验报告数据表格中（注意：不得用铅笔记录，不得大范围涂改）。

3. 实验课后一周内规范完整地完成实验报告，并在下一周实验课前提交给教师批阅。

【实验目的】

【实验仪器用具】

【实验原理】（请在预习教材对应内容后简明扼要地归纳总结叙述，注意：需要认真作出实验原理图。）

请课前预习并认真填写完整，上课时交给教师检查。

【实验原理】

请课前预习并认真填写完整，上课时交给教师检查。

【实验内容与步骤】

请课前预习并认真填写完整，上课时交给教师检查。

【实验内容与步骤】

请课前预习并认真填写完整，上课时交给教师检查。

【实验数据记录】（注意：将单位、有效数字、数据填入表格中。）

表1　λ=650 nm，D=　　mm，狭缝宽度 a_0=0.100 mm，最大光电流 i_0=　　$\times 10^{-6}$ A

x/mm										
i/（10^{-6} A）										
i/i_0（I/I_0）										
x/mm										
i/（10^{-6} A）										
i/i_0（I/I_0）										
x/mm										
i/（10^{-6} A）										
i/i_0（I/I_0）										

表2　单缝宽度

级次	第一级	第二级	第三级	平均值 $\bar{a}$
K	1	2	3	—
位置坐标 x				—
单缝宽度 a/mm				

表3　偏振光强记录表

θ/（°）															
i															
i/i_0（I/I_0）															
$\cos^2\theta$															

教师签名：

________年____月____日

本页为原始记录，请在课内完成，下课前交给教师检查签字。

【数据处理】

绘制光强分布图

【思考题及实验小结】

请在一周内完成实验报告，下周课前交给教师批阅。

附页：

大学物理实验报告

座位号	

实验名称：用旋光仪测液体的旋光率和浓度			
姓名		学号	
专业		电话	
实验日期：________年____月____日 教学周第____周 星期____第____大节 ____时____分上课 实验地点：________校区________楼________			
成绩评定			
预习情况	操作情况	数据处理	总评成绩
教师签名：		评定日期： ________年____月____日	

实验报告说明：

1. 认真预习实验内容后才能参加实验。

2. 进入实验室时须出示实验报告，将原始数据记录在实验报告数据表格中（注意：不得用铅笔记录，不得大范围涂改）。

3. 实验课后一周内规范完整地完成实验报告，并在下一周实验课前提交给教师批阅。

【实验目的】

【实验仪器用具】

【实验原理】（请在预习教材对应内容后简明扼要地归纳总结叙述，注意：需要认真作出实验原理图。）

请课前预习并认真填写完整，上课时交给教师检查。

【实验原理】

请课前预习并认真填写完整，上课时交给教师检查。

【实验内容与步骤】

请课前预习并认真填写完整，上课时交给教师检查。

【实验数据记录】(注意：将单位、有效数字、数据填入表格中。)

表1 糖溶液测量数据记录表

λ= nm，L= dm，C_1= g/cm^3，C_2= g/cm^3，t= C°

序号	C_0		C_1		C_2		C_3	
	$\theta_{0左}$	$\theta_{0右}$	$\theta_{1左}$	$\theta_{1右}$	$\theta_{2左}$	$\theta_{2右}$	$\theta_{3左}$	$\theta_{3右}$
1								
2								
3								
φ_i								

教师签名：

________年____月____日

本页为原始记录，请在课内完成，下课前交给教师检查签字。

【数据处理】

【思考题及实验小结】

请在一周内完成实验报告，下周课前交给教师批阅。

大学物理实验报告

座位号	

实验名称：光电效应实验			
姓名		学号	
专业		电话	
实验日期：____年__月__日 教学周第__周　星期__第__大节　__时__分上课 实验地点：____校区____楼____			
成绩评定			
预习情况	操作情况	数据处理	总评成绩
教师签名：		评定日期： ____年__月__日	

实验报告说明：

1. 认真预习实验内容后才能参加实验。

2. 进入实验室时须出示实验报告，将原始数据记录在实验报告数据表格中（注意：不得用铅笔记录，不得大范围涂改）。

3. 实验课后一周内规范完整地完成实验报告，并在下一周实验课前提交给教师批阅。

【实验目的】

【实验仪器用具】

【实验原理】（请在预习教材对应内容后简明扼要地归纳总结叙述，注意：需要认真作出实验原理图。）

请课前预习并认真填写完整，上课时交给教师检查。

【实验原理】

请课前预习并认真填写完整，上课时交给教师检查。

【实验内容与步骤】

请课前预习并认真填写完整，上课时交给教师检查。

【实验数据记录】（注意：将单位、有效数字、数据填入表格中。）

表 1　$U_0-\nu$ 关系　　光阑孔 Φ=____mm

波长 λ_i	λ_1=365 nm	λ_2=405 nm	λ_3=436 nm	λ_4=546 nm
频率 ν_i	$\nu_1=8.22\times10^{14}$ Hz	$\nu_2=7.41\times10^{14}$ Hz	$\nu_3=6.88\times10^{14}$ Hz	$\nu_4=5.49\times10^{14}$ Hz
截止电压 U_0/V	U_{01}=	U_{02}=	U_{03}=	U_{04}=
$K_1=\dfrac{\lvert U_{02}\rvert-\lvert U_{01}\rvert}{\nu_2-\nu_1}\times10^{-14}$=		$K_2=\dfrac{\lvert U_{03}\rvert-\lvert U_{02}\rvert}{\nu_3-\nu_2}\times10^{-14}$=		
$K_3=\dfrac{\lvert U_{04}\rvert-\lvert U_{03}\rvert}{\nu_4-\nu_3}\times10^{-14}$=		$K_4=\dfrac{K_1+K_2+K_3}{3}$=		

表 2　$I-U$ 关系　　L=____mm，Φ=____mm

577 nm 光阑 2 mm	U/V		−0.2	0	2	4	6	8	10	15	20	30
	I/（10^{-12} A）	0										

表 3　$I_M-\Phi$ 关系　　U=____V，L=____mm

436 nm	光阑孔 Φ	2 mm	4 mm	8 mm
	I/（10^{-10} A）			
546 nm	I/（10^{-10} A）			

表 4　I_M-L 关系　　U=____V，Φ=____mm

436 nm	入射距离 L/cm	40	35	31
	I/（10^{-10} A）			
546 nm	入射距离 L/cm	40	35	31
	I/（10^{-10} A）			

教师签名：

________年____月____日

本页为原始记录，请在课内完成，下课前交给教师检查签字。

【数据处理】

绘制关系曲线图

请在一周内完成实验报告，下周课前交给教师批阅。

【数据处理】

【思考题及实验小结】

请在一周内完成实验报告，下周课前交给教师批阅。

附页：

大学物理实验报告

座位号	

实验名称：密立根油滴实验			
姓名		学号	
专业		电话	
实验日期：______年___月___日 教学周第___周 星期___第___大节 ___时___分上课 实验地点：______校区______楼______			
成绩评定			
预习情况	操作情况	数据处理	总评成绩
教师签名：		评定日期： ______年___月___日	

实验报告说明：

1. 认真预习实验内容后才能参加实验。

2. 进入实验室时须出示实验报告，将原始数据记录在实验报告数据表格中（注意：不得用铅笔记录，不得大范围涂改）。

3. 实验课后一周内规范完整地完成实验报告，并在下一周实验课前提交给教师批阅。

【实验目的】

【实验仪器用具】

【实验原理】（请在预习教材对应内容后简明扼要地归纳总结叙述，注意：需要认真作出实验原理图。）

请课前预习并认真填写完整，上课时交给教师检查。

【实验原理】

请课前预习并认真填写完整，上课时交给教师检查。

【实验原理】

请课前预习并认真填写完整，上课时交给教师检查。

【实验内容与步骤】

请课前预习并认真填写完整，上课时交给教师检查。

【实验数据记录】（注意：将单位、有效数字、数据填入表格中。）

表 1　平衡法密立根油滴实验记录表　　p=____Pa，T=____℃

t/s	油滴 1	油滴 2	油滴 3	油滴 4	油滴 5	油滴 6	油滴 7	油滴 8	油滴 9	油滴 10
t_1										
t_2										
t_3										
t_4										
t_5										
$\bar{t}$										
U/V										
q/（10^{-19} C）										

表 2　q 值分组记录表

组数						
$\bar{q}$/（10^{-19} C）						

表 3　基本电荷数值记录表

油滴顺序	1	2	3	4	5	6	7	8	9	10
q/（10^{-19} C）										
n_0										
n										

教师签名：

________年____月____日

本页为原始记录，请在课内完成，下课前交给教师检查签字。

【数据处理】

请在一周内完成实验报告，下周课前交给教师批阅。

【数据处理】

【思考题及实验小结】

请在一周内完成实验报告，下周课前交给教师批阅。

大学物理实验报告

座位号	

实验名称：弗兰克－赫兹实验			
姓名		学号	
专业		电话	

实验日期：________年____月____日

教学周第____周　星期____第____大节　____时____分上课

实验地点：________校区________楼________

成绩评定			
预习情况	操作情况	数据处理	总评成绩

教师签名：	评定日期： ________年____月____日

实验报告说明：

1. 认真预习实验内容后才能参加实验。
2. 进入实验室时须出示实验报告，将原始数据记录在实验报告数据表格中（注意：不得用铅笔记录，不得大范围涂改）。
3. 实验课后一周内规范完整地完成实验报告，并在下一周实验课前提交给教师批阅。

【实验目的】

【实验仪器用具】

【实验原理】（请在预习教材对应内容后简明扼要地归纳总结叙述，注意：需要认真作出实验原理图。）

请课前预习并认真填写完整，上课时交给教师检查。

【实验原理】

请课前预习并认真填写完整，上课时交给教师检查。

【实验内容与步骤】

请课前预习并认真填写完整，上课时交给教师检查。

【实验数据记录】(注意：将单位、有效数字、数据填入表格中。)

表 1　t=　　℃，V_{G2A}=　　V，I_A=　　μA

U_{G_2K}/V	8.0	8.5	9.0	9.5	10.0	10.5	11.0	11.5	12.0	12.5	13.0	13.5
I_A/μV												
U_{G_2K}/V	14.0	14.5	15.0	15.5	16.0	16.5	17.0	17.5	18.0	18.5	19.0	19.5
I_A/μV												
U_{G_2K}/V	20.0	20.5	21.0	21.5	22.0	22.5	23.0	23.5	24.0	24.5	25.0	25.5
I_A/μV												
U_{G_2K}/V	26.0	26.5	27.0	27.5	28.0	28.5	29.0	29.5	30.0	30.5	31.0	31.5
I_A/μV												
U_{G_2K}/V	32.0	32.5	33.0	33.5	34.0	34.5	35.0	35.5	36.0	36.5	37.0	37.5
I_A/μV												
U_{G_2K}/V	38.0	38.5	39.0	39.5	40.0	40.5	41.0	41.5	42.0	42.5	43.0	43.5
I_A/μV												
U_{G_2K}/V	44.0	44.5	45.0	45.5	46.0	46.5	47.0	47.5	48.0	48.5	49.0	49.5
I_A/μV												
U_{G_2K}/V	50.0	50.5	51.0	51.5	52.0	52.5	53.0	53.5	54.0	54.5	55.0	55.5
I_A/μV												
U_{G_2K}/V	56.0	56.5	57.0	57.5	58.0	58.5	59.0	59.5	60.0	60.5	61.0	61.5
I_A/μV												
U_{G_2K}/V	62.0	62.5	63.0	63.5	64.0	64.5	65.0	65.5	66.0	66.6	67.0	67.5
I_A/μV												
U_{G_2K}/V	68.0	68.5	69.0	69.5	70.0	70.5	71.0	71.5	72.0	72.5	73.0	73.5
I_A/μV												
U_{G_2K}/V	74.0	74.5	75.0	75.5	76.0	76.5	77.0	77.5	78.0	78.5	79.0	79.5
I_A/μV												

本页为原始记录，请在课内完成，下课前交给教师检查签字。

【实验数据记录】(注意：将单位、有效数字、数据填入表格中。)

表 2

相邻峰－峰之间		相邻谷－谷之间	
T_{S1}=	T_{S2}=	T_{S1}=	T_{S2}=
V_{01}=	V_{02}=	V_{01}=	V_{02}=
第一激发电位的平均值：$\bar{V}_0$=			

教师签名：

______年____月____日

本页为原始记录，请在课内完成，下课前交给教师检查签字。

【数据处理】

请在一周内完成实验报告，下周课前交给教师批阅。

【数据处理】

【思考题及实验小结】

请在一周内完成实验报告，下周课前交给教师批阅。

大学物理实验报告

座位号	

实验名称：边限振荡器核磁共振实验			
姓名		学号	
专业		电话	
实验日期：________年____月____日 教学周第____周　星期____第____大节　____时____分上课 实验地点：________校区________楼________			
成绩评定			
预习情况	操作情况	数据处理	总评成绩
教师签名：		评定日期： ________年____月____日	

实验报告说明：

1. 认真预习实验内容后才能参加实验。

2. 进入实验室时须出示实验报告，将原始数据记录在实验报告数据表格中（注意：不得用铅笔记录，不得大范围涂改）。

3. 实验课后一周内规范完整地完成实验报告，并在下一周实验课前提交给教师批阅。

【实验目的】

【实验仪器用具】

【实验原理】（请在预习教材对应内容后简明扼要地归纳总结叙述，注意：需要认真作出实验原理图。）

请课前预习并认真填写完整，上课时交给教师检查。

【实验原理】

请课前预习并认真填写完整，上课时交给教师检查。

【实验原理】

请课前预习并认真填写完整，上课时交给教师检查。

【实验原理】

请课前预习并认真填写完整，上课时交给教师检查。

【实验原理】

请课前预习并认真填写完整，上课时交给教师检查。

【实验内容与步骤】

请课前预习并认真填写完整，上课时交给教师检查。

【实验数据记录】(注意：将单位、有效数字、数据填入表格中。)

表 1　不同试剂测量的 H 核的 g 因子、旋磁比 γ 和核磁矩 μ

试剂类别	共振频率 v_0	振荡幅度	g 因子	旋磁比 γ	核磁矩 μ
硫酸铜					
三氯化铁					
氯化锰					
丙三醇					
纯水					

表 2　振荡器振荡幅度和共振信号幅度关系表

振荡幅度 /V		0.06	0.1	0.15	0.2	0.25	0.3
	试剂类别	——					
共振信号幅度 /V	硫酸铜						
	三氯化铁						
	氯化锰						
	丙三醇						
	纯水						

教师签名：

________年____月____日

本页为原始记录，请在课内完成，下课前交给教师检查签字。

【数据处理】

请在一周内完成实验报告，下周课前交给教师批阅。

【数据处理】

【思考题及实验小结】

请在一周内完成实验报告，下周课前交给教师批阅。

大学物理实验报告

座位号	

实验名称：用自组双臂电桥测量低值电阻			
姓名		学号	
专业		电话	
实验日期：________年____月____日 教学周第____周　星期____第____大节　____时____分上课 实验地点：________校区________楼________			
成绩评定			
预习情况	操作情况	数据处理	总评成绩
教师签名：		评定日期： ________年____月____日	

实验报告说明：

1. 认真预习实验内容后才能参加实验。

2. 进入实验室时须出示实验报告，将原始数据记录在实验报告数据表格中（注意：不得用铅笔记录，不得大范围涂改）。

3. 实验课后一周内规范完整地完成实验报告，并在下一周实验课前提交给教师批阅。

【实验目的】

【实验仪器用具】

【实验原理】（请在预习教材对应内容后简明扼要地归纳总结叙述，注意：需要认真作出实验原理图。）

请课前预习并认真填写完整，上课时交给教师检查。

【实验原理】

请课前预习并认真填写完整，上课时交给教师检查。

【实验内容与步骤】

请课前预习并认真填写完整，上课时交给教师检查。

【实验数据记录】（注意：将单位、有效数字、数据填入表格中。）

表 1　活动夹头位置改变量记录表格

	$\Delta l_{铜}$/cm	2.00	4.00	6.00	8.00	10.00
电源正向连接	$\Delta l_{铝}$/cm					
电源反向连接	$\Delta l_{铝}'$/cm					

教师签名：

______年____月____日

本页为原始记录，请在课内完成，下课前交给教师检查签字。

【数据处理】

【思考题及实验小结】

请在一周内完成实验报告，下周课前交给教师批阅。

大学物理实验报告

座位号	

实验名称：巨磁电阻及其应用			
姓名		学号	
专业		电话	
实验日期：____年___月___日 教学周第___周　星期___第___大节　___时___分上课 实验地点：____校区____楼____			
成绩评定			
预习情况	操作情况	数据处理	总评成绩
教师签名：		评定日期： ____年___月___日	

实验报告说明：

1. 认真预习实验内容后才能参加实验。
2. 进入实验室时须出示实验报告，将原始数据记录在实验报告数据表格中（注意：不得用铅笔记录，不得大范围涂改）。
3. 实验课后一周内规范完整地完成实验报告，并在下一周实验课前提交给教师批阅。

【实验目的】

【实验仪器用具】

【实验原理】（请在预习教材对应内容后简明扼要地归纳总结叙述，注意：需要认真作出实验原理图。）

请课前预习并认真填写完整，上课时交给教师检查。

【实验原理】

请课前预习并认真填写完整，上课时交给教师检查。

【实验原理】

请课前预习并认真填写完整，上课时交给教师检查。

【实验原理】

请课前预习并认真填写完整，上课时交给教师检查。

【实验内容与步骤】

请课前预习并认真填写完整，上课时交给教师检查。

【实验内容与步骤】

请课前预习并认真填写完整，上课时交给教师检查。

【实验内容与步骤】

请课前预习并认真填写完整，上课时交给教师检查。

【实验内容与步骤】

请课前预习并认真填写完整，上课时交给教师检查。

【实验数据记录】（注意：将单位、有效数字、数据填入表格中。）

表 1　GMR 模拟传感器磁电转换特性的测量　　电桥电压：4 V

磁感应强度 /Gs		输出电压 /mV	
励磁电流 /mA	磁感应强度 /Gs	减小磁场	增大磁场
100			
90			
80			
70			
60			
50			
40			
30			
20			
10			
5			
0			
−5			
−10			
−20			
−30			
−40			
−50			
−60			
−70			
−80			
−90			
−100			

本页为原始记录，请在课内完成，下课前交给教师检查签字。

【实验数据记录】(注意：将单位、有效数字、数据填入表格中。)

表 2　GMR 磁阻特性的测量　　磁阻两端电压：4 V

磁感应强度 /Gs		磁阻 /Ω			
		减小磁场		增大磁场	
励磁电流 /mA	磁感应强度 /Gs	磁阻电流 /mA	磁阻 /Ω	磁阻电流 /mA	磁阻 /Ω
100					
90					
80					
70					
60					
50					
40					
30					
20					
10					
5					
0					
-5					
-10					
-20					
-30					
-40					
-50					
-60					
-70					
-80					
-90					
-100					

本页为原始记录，请在课内完成，下课前交给教师检查签字。

【实验数据记录】(注意：将单位、有效数字、数据填入表格中。)

表 3　GMR 开关传感器的磁电转换特性测量　　高电平 = 　　V，低电平 = 　　V

减小磁场			增大磁场		
开关动作	励磁电流 /mA	磁感应强度 / Gs	开关动作	励磁电流 /mA	磁感应强度 /Gs
关			关		
开			开		

表 4　用 GMR 模拟传感器测量电流

待测电流 /mA			300	200	100	0	-100	-200	-300
输出电压 /mV	低磁偏置(约 25 mV)	减小电流							
		增加电流							
	适当磁偏置(约 150 mV)	减小电流							
		增加电流							

表 5　齿轮角位移的测量

转动角度 /(°)																	
输出电压 /mV																	

表 6　二进制数字的写入与读出

十进制数字								
二进制数字								
磁卡区域号	1	2	3	4	5	6	7	8
读出电平								

教师签名：

＿＿＿＿年＿＿月＿＿日

本页为原始记录，请在课内完成，下课前交给教师检查签字。

【数据处理】

请在一周内完成实验报告，下周课前交给教师批阅。

【数据处理】

请在一周内完成实验报告，下周课前交给教师批阅。

【数据处理】

请在一周内完成实验报告，下周课前交给教师批阅。

【数据处理】

请在一周内完成实验报告，下周课前交给教师批阅。

【数据处理】

【数据处理】

【思考题及实验小结】

请在一周内完成实验报告，下周课前交给教师批阅。

请在一周内完成实验报告，下周课前交给教师批阅。

大学物理实验报告

座位号	

实验名称：热电效应实验			
姓名		学号	
专业		电话	
实验日期：________年____月____日 教学周第____周　星期____第____大节　____时____分上课 实验地点：________校区________楼________			
成绩评定			
预习情况	操作情况	数据处理	总评成绩
教师签名：		评定日期： ________年____月____日	

实验报告说明：

1. 认真预习实验内容后才能参加实验。

2. 进入实验室时须出示实验报告，将原始数据记录在实验报告数据表格中（注意：不得用铅笔记录，不得大范围涂改）。

3. 实验课后一周内规范完整地完成实验报告，并在下一周实验课前提交给教师批阅。

【实验目的】

【实验仪器用具】

【实验原理】（请在预习教材对应内容后简明扼要地归纳总结叙述，注意：需要认真作出实验原理图。）

请课前预习并认真填写完整，上课时交给教师检查。

【实验原理】

请课前预习并认真填写完整，上课时交给教师检查。

【实验原理】

请课前预习并认真填写完整，上课时交给教师检查。

【实验原理】

请课前预习并认真填写完整，上课时交给教师检查。

【实验内容与步骤】

请课前预习并认真填写完整，上课时交给教师检查。

【实验内容与步骤】

请课前预习并认真填写完整，上课时交给教师检查。

【实验数据记录】（注意：将单位、有效数字、数据填入表格中。）

表 1　金属材料的塞贝克系数

实验材料	高温温度 /℃	低温温度 /℃	温差 ΔT/K	温差电势 U/μV	塞贝克值 S/（μV/K）	误差
康铜						
镍铬						

表 2　半导体材料的塞贝克系数

实验材料	高温温度 /℃	低温温度 /℃	温差 ΔT/K	温差电势 U/μV	塞贝克值 S/（μV/K）	误差
n 型半导体						
p 型半导体						

表 3　验证金属热电偶的四种定律

测量电势	高温温度 /℃	低温温度 /℃	温差 ΔT/K	温差电势 U/μV	验证定律
U_{AB}					验证匀质导体定律
U_{AC}					
U_{AB}					验证中间导体定律
U_{AC}					
U_{AB}					验证参考电极定律
U_{BC}					
U_{AC}					
E_{10}					验证中间温度定律
E_{20}					
E_{21}					

本页为原始记录，请在课内完成，下课前交给教师检查签字。

【实验数据记录】（注意：将单位、有效数字、数据填入表格中。）

表 4　不同温度下材料的塞贝克系数

实验材料	高温温度 /℃	低温温度 /℃	温差 ΔT/K	温差电势 U/μV	塞贝克值 S/（μV/K）	误差

表 5　加热功率 P_h 与 TEG 开路电压 U

输入电压 U_h/V	输入电流 I_h/A	输入功率 P_h/W	开路电压 U/V

表 6　TEG 的输出伏安特性曲线

输入功率 P_h/W	发电电压 U_L/V	发电电流 I_L/A	负载电阻 R/Ω

教师签名：

________年____月____日

本页为原始记录，请在课内完成，下课前交给教师检查签字。

【数据处理】

请在一周内完成实验报告，下周课前交给教师批阅。

【数据处理】

请在一周内完成实验报告，下周课前交给教师批阅。

【数据处理】

【思考题及实验小结】

请在一周内完成实验报告，下周课前交给教师批阅。

大学物理实验报告

座位号	

实验名称：光纤特性及传输实验			
姓名		学号	
专业		电话	
实验日期：________年____月____日 教学周第____周　星期____第____大节　____时____分上课 实验地点：________校区________楼________			
成绩评定			
预习情况	操作情况	数据处理	总评成绩
教师签名：		评定日期： ________年____月____日	

实验报告说明：

1. 认真预习实验内容后才能参加实验。

2. 进入实验室时须出示实验报告，将原始数据记录在实验报告数据表格中（注意：不得用铅笔记录，不得大范围涂改）。

3. 实验课后一周内规范完整地完成实验报告，并在下一周实验课前提交给教师批阅。

【实验目的】

【实验仪器用具】

【实验原理】（请在预习教材对应内容后简明扼要地归纳总结叙述，注意：需要认真作出实验原理图。）

请课前预习并认真填写完整，上课时交给教师检查。

【实验原理】

请课前预习并认真填写完整，上课时交给教师检查。

【实验原理】

请课前预习并认真填写完整，上课时交给教师检查。

【实验原理】

请课前预习并认真填写完整，上课时交给教师检查。

【实验内容与步骤】

请课前预习并认真填写完整，上课时交给教师检查。

【实验内容与步骤】

请课前预习并认真填写完整，上课时交给教师检查。

【实验数据记录】（注意：将单位、有效数字、数据填入表格中。）

表 1　半导体激光器伏安特性与输出特性测量

正向偏压 /V											
发射管电流 /mA	0	0.2	0.7	2	5	10	15	20	25	30	35
光功率 /mW											

表 2　光电二极管伏安特性的测量

反向偏置电压 /V		0	1.00	2.00	3.00	4.00	5.00
P=0	光电流 /μA						
P=0.100 mW							
P=0.200 mW							

表 3　基带调制传输实验

激光二极管调制电路输入信号			光电二极管光电转换电路输出信号		
波形	频率 /kHz	幅度 /V	波形	频率 /kHz	幅度 /V
正弦波					

表 4　调频电路的 f-u 关系

输入电压 /V	0	0.2	0.4	0.6	0.8	1.0	1.2	1.4	1.6	1.8	2.0
输出频率 f/kHz											

表 5　副载波调制传输实验

基带信号		光纤传输后解调的基带信号		
幅度 /V	频率 /kHz	幅度 /V	频率 /kHz	信号失真程度

教师签名：

______年____月____日

本页为原始记录，请在课内完成，下课前交给教师检查签字。

【数据处理】

请在一周内完成实验报告，下周课前交给教师批阅。

【数据处理】

请在一周内完成实验报告，下周课前交给教师批阅。

【数据处理】

【思考题及实验小结】

请在一周内完成实验报告，下周课前交给教师批阅。

附页：

大学物理实验报告

座位号	

实验名称：ZWP 光栅衍射成像实验			
姓名		学号	
专业		电话	
实验日期：________年____月____日 教学周第____周　星期____第____大节　____时____分上课 实验地点：________校区________楼________			
成绩评定			
预习情况	操作情况	数据处理	总评成绩
教师签名：		评定日期： ________年____月____日	

实验报告说明：

1. 认真预习实验内容后才能参加实验。

2. 进入实验室时须出示实验报告，将原始数据记录在实验报告数据表格中（注意：不得用铅笔记录，不得大范围涂改）。

3. 实验课后一周内规范完整地完成实验报告，并在下一周实验课前提交给教师批阅。

【实验目的】

【实验仪器用具】

【实验原理】（请在预习教材对应内容后简明扼要地归纳总结叙述，注意：需要认真作出实验原理图。）

请课前预习并认真填写完整，上课时交给教师检查。

【实验原理】

请课前预习并认真填写完整，上课时交给教师检查。

【实验内容与步骤】

请课前预习并认真填写完整，上课时交给教师检查。

【实验数据记录】（注意：将单位、有效数字、数据填入表格中。）

表 1　验证双光栅衍射消色散成像方程并计算 w_1/d_1=1 000 L/mm，k_1=−1

测量序号	1	2	3	4	5	6	7	8	9	10
L_1/cm	30	30	30	30	40	40	40	50	50	50
$1/d_2$/（L/mm）	300	300	500	600	300	500	600	300	500	600
k_2	1	2	1	1	2	1	1	2	1	1
L/cm（1）										
L/cm（2）										
L/cm（3）										
$\bar{L}$/cm										
w										

表 2　测量未知光栅的空间频率 $1/d_1$=1 000 L/mm，k_1=−1，L_1=15.0 cm，w=1

k_2	2	3	4
L/cm（1）			
L/cm（2）			
L/cm（3）			
$\bar{L}$/cm			
$1/d_2$/（L/mm）			

教师签名：

________年____月____日

本页为原始记录，请在课内完成，下课前交给教师检查签字。

教师批阅。

大学物理实验报告

座位号	

实验名称：太阳能电池特性研究			
姓名		学号	
专业		电话	
实验日期：______年___月___日 教学周第___周　星期___第___大节　___时___分上课 实验地点：______校区______楼______			
成绩评定			
预习情况	操作情况	数据处理	总评成绩
教师签名：		评定日期： ______年___月___日	

实验报告说明：

1. 认真预习实验内容后才能参加实验。

2. 进入实验室时须出示实验报告，将原始数据记录在实验报告数据表格中（注意：不得用铅笔记录，不得大范围涂改）。

3. 实验课后一周内规范完整地完成实验报告，并在下一周实验课前提交给教师批阅。

【实验目的】

【实验仪器用具】

【实验原理】（请在预习教材对应内容后简明扼要地归纳总结叙述，注意：需要认真作出实验原理图。）

请课前预习并认真填写完整，上课时交给教师检查。

【实验原理】

请课前预习并认真填写完整，上课时交给教师检查。

【实验内容与步骤】

请课前预习并认真填写完整，上课时交给教师检查。

【实验数据记录】(注意：将单位、有效数字、数据填入表格中。)

表 1 三种太阳能电池的暗伏安特性测量

电压 /V	电流 /mA		
	单晶硅	多晶硅	非晶硅
−8.0			
−7.0			
−6.0			
−5.0			
−4.0			
−3.0			
−2.0			
−1.0			
0.0			
0.3			
0.6			
0.9			
1.2			
1.5			
1.8			
2.1			
2.4			
2.7			
3.0			

表 2 三种太阳能电池开路电压与短路电流随光强变化关系

距离 /cm		10	15	20	25	30	35	40	45	50
光强 I (W/m^2)										
单晶硅	开路电压 V_{OC}/V									
	短路电流 I_{SC}/mA									
多晶硅	开路电压 V_{OC}/V									
	短路电流 I_{SC}/mA									
非晶硅	开路电压 V_{OC}/V									
	短路电流 I_{SC}/mA									

本页为原始记录，请在课内完成，下课前交给教师检查签字。

【实验数据记录】(注意：将单位、有效数字、数据填入表格中。)

表 3 三种太阳能电池输出特性实验 光强 I= W/m^2

V/V	单晶硅			多晶硅			非晶硅		
	负载电阻 /Ω	输出电流 I/mA	输出功率 P_0/mW	负载电阻 /Ω	输出电流 I/A	输出功率 P_0/mW	负载电阻 /Ω	输出电流 I/A	输出功率 P_0/mW
0.00									
0.20									
0.40									
0.60									
0.80									
1.00									
1.20									
1.40									
1.60									
1.80									
2.00									
2.20									
2.40									
2.55									
2.70									
2.80									

表 4 三种太阳能电池的填充因子

光照强度: 242 W/m^2	单晶硅	多晶硅	非晶硅
开路电压 V_{OC}/V			
短路电流 I_{SC}/mA			
$I_{SC}\times V_{OC}$/mW			
P_{max}/mW			
填充因子 FF			

表 5 三种太阳能电池的转化效率表

光照强度: 35.8 mW/cm^2	单晶硅	多晶硅	非晶硅
输出最大光功率			
入射光功率			
转化效率			

教师签名：

________年____月____日

本页为原始记录，请在课内完成，下课前交给教师检查签字。

【数据处理】

请在一周内完成实验报告，下周课前交给教师批阅。

【数据处理】

请在一周内完成实验报告，下周课前交给教师批阅。

【数据处理】

请在一周内完成实验报告，下周课前交给教师批阅。

【数据处理】

请在一周内完成实验报告，下周课前交给教师批阅。

【数据处理】

【思考题及实验小结】

请在一周内完成实验报告，下周课前交给教师批阅。

附页：

大学物理实验报告

座位号	

实验名称：			
姓名		学号	
专业		电话	
实验日期：________年____月____日 教学周第____周　星期____第____大节　____时____分上课 实验地点：________校区________楼________			
成绩评定			
预习情况	操作情况	数据处理	总评成绩
教师签名：		评定日期： ________年____月____日	

实验报告说明：

1. 认真预习实验内容后才能参加实验。

2. 进入实验室时须出示实验报告，将原始数据记录在实验报告数据表格中（注意：不得用铅笔记录，不得大范围涂改）。

3. 实验课后一周内规范完整地完成实验报告，并在下一周实验课前提交给教师批阅。

【实验数据记录】(注意：将单位、有效数字、数据填入表格中。)

教师签名：

________年____月____日

本页为原始记录，请在课内完成，下课前交给教师检查签字。

【数据处理】

请在一周内完成实验报告，下周课前交给教师批阅。

【数据处理】

【思考题及实验小结】

请在一周内完成实验报告，下周课前交给教师批阅。

附页：

大学物理实验报告

座位号	

实验名称：			
姓名		学号	
专业		电话	
实验日期：________年____月____日 教学周第____周 星期____第____大节 ____时____分上课 实验地点：________校区________楼________			
成绩评定			
预习情况	操作情况	数据处理	总评成绩
教师签名：		评定日期： ________年____月____日	

实验报告说明：

1. 认真预习实验内容后才能参加实验。
2. 进入实验室时须出示实验报告，将原始数据记录在实验报告数据表格中（注意：不得用铅笔记录，不得大范围涂改）。
3. 实验课后一周内规范完整地完成实验报告，并在下一周实验课前提交给教师批阅。

【实验目的】

【实验仪器用具】

【实验原理】（请在预习教材对应内容后简明扼要地归纳总结叙述，注意：需要认真作出实验原理图。）

请课前预习并认真填写完整，上课时交给教师检查。

【实验原理】

请课前预习并认真填写完整，上课时交给教师检查。

【实验内容与步骤】

请课前预习并认真填写完整，上课时交给教师检查。

【实验数据记录】(注意：将单位、有效数字、数据填入表格中。)

教师签名：

________年____月____日

本页为原始记录，请在课内完成，下课前交给教师检查签字。

【数据处理】

请在一周内完成实验报告，下周课前交给教师批阅。

【数据处理】

【思考题及实验小结】

请在一周内完成实验报告，下周课前交给教师批阅。

附页：

大学物理实验报告

座位号	

<table>
<tr><td colspan="4">实验名称：</td></tr>
<tr><td>姓名</td><td></td><td>学号</td><td></td></tr>
<tr><td>专业</td><td></td><td>电话</td><td></td></tr>
<tr><td colspan="4">实验日期：________年____月____日
教学周第____周　星期____第____大节　____时____分上课
实验地点：________校区________楼________</td></tr>
<tr><td colspan="4">成绩评定</td></tr>
<tr><td>预习情况</td><td>操作情况</td><td>数据处理</td><td>总评成绩</td></tr>
<tr><td></td><td></td><td></td><td></td></tr>
<tr><td colspan="2">教师签名：</td><td colspan="2">评定日期：
________年____月____日</td></tr>
</table>

实验报告说明：

1. 认真预习实验内容后才能参加实验。

2. 进入实验室时须出示实验报告，将原始数据记录在实验报告数据表格中（注意：不得用铅笔记录，不得大范围涂改）。

3. 实验课后一周内规范完整地完成实验报告，并在下一周实验课前提交给教师批阅。

【实验数据记录】(注意：将单位、有效数字、数据填入表格中。)

教师签名：

________年____月____日

本页为原始记录，请在课内完成，下课前交给教师检查签字。

【数据处理】

请在一周内完成实验报告，下周课前交给教师批阅。

【数据处理】

【思考题及实验小结】

请在一周内完成实验报告，下周课前交给教师批阅。

附页：

读者意见反馈

为收集对教材的意见建议，进一步完善教材编写并做好服务工作，读者可将对本教材的意见建议通过如下渠道反馈至我社。

咨询电话　400-810-0598

反馈邮箱　hepsci@pub.hep.cn

通信地址　北京市朝阳区惠新东街 4 号富盛大厦 1 座
　　　　　　高等教育出版社理科事业部

邮政编码　100029

防伪查询说明

用户购书后刮开封底防伪涂层，使用手机微信等软件扫描二维码，会跳转至防伪查询网页，获得所购图书详细信息。

防伪客服电话　（010）58582300